Dampfzugmaschinen

Zusammengestellt
von David Lockett
und Mike Arlett

DÖRFLER
FAHRZEUGTECHNIK

Alle Aufnahmen aus diesem Buch stammen von Norman Lockett,
© David Lockett.

Herausgegeben von Ian Allan Publishing Ltd, Hersham, Surrey, KT12 4RG
Titel der englischen Originalausgabe:
Traction Engines – A Colour Portfolio

© der deutschsprachigen Ausgabe:
Edition DÖRFLER im NEBEL VERLAG GmbH, Eggolsheim

Übertragung aus dem Englischen: Jürgen Brust M. A.
Umschlaggestaltung: Andreas Dorn

Titelseite: *Dieser 7-PS-Fowler-Dampfschlepper Nr. 12761, gebaut 1911 und zugelassen mit dem Kennzeichen 397 TRO, wurde an die Forestry Company geliefert und bis 1945 eingesetzt. 1963 als Schrott verkauft, kam er nach Tadcaster, Yorkshire, wo er von J. E. Sansome aus Hinckley erworben und in diesen ausgezeichneten Zustand gebracht wurde. Aufnahme aus dem September 1969.*

Rechts: *Hier die in der Einleitung erwähnte Aufnahme, bei der der Vater von David Lockett am 4. Juli 1967, wenige Tage vor dem Camerton-Treffen, auf die zwei Dampfwalzen vor den Mendip-Bergen stieß. Links die 11-t-Walze Aveling & Porter Nr. 6458 „Rowley“, Baujahr 1908, Kennzeichen YA 831; und rechts die Marshall-Dampfwalze Nr. 74962, gebaut 1921 und zugelassen mit dem Kennzeichen YA 2197.*

Einleitung

Mein verstorbener Vater Norman Lockett (1909–1984) hat sein Leben lang mit Begeisterung Dampfloks fotografiert. Er war zwar Amateur, hat jedoch stets hohe Forderungen an sich selbst gestellt. Es gab aber zwei Rückschläge, die einen großen Einfluss auf sein Hobby hatten. Der erste war der Zweite Weltkrieg, in dem er überhaupt nicht fotografierte. Aus seinen Aufzeichnungen ergibt sich, dass Platte Nr. 528 aus Trerule (Cornwall) vom 15. 8. 1939 stammt, Platte Nr. 529 aber erst am 12. 6. 1946 in der Nähe von Brean Road (Somerset) entstand. Er hat also fast sieben Jahre lang kein Foto gemacht. Der zweite Rückschlag war der Untergang der Dampflok bei British Railways in der ersten Hälfte der 60er Jahre. Innerhalb weniger Jahre wurde sie von der Diesellok abgelöst.

Etwa 1958–1961 fing mein Vater an, auch farbige Dias zu machen. Er empfand sie aber als experimentell im Vergleich zu den guten alten Schwarzweißfotos von den Glasplattennegativen. Er musste sich also in jeder Hinsicht umstellen. Am wichtigsten war aber die Frage, wie sein Hobby in Zukunft aussehen würde.

Mit seinem besten Freund Ivo Peters suchte mein Vater Gelegenheiten, weiter Dampfloks zu fotografieren. Er fand sie in Industrieanlagen, auf restaurierten Eisenbahnstrecken, auf Kohlebahnen und bei speziellen Veranstaltungen, die von Eisenbahnfreunden organisiert wurden. Sie fanden heraus, wo British Railways noch Dampflokomotiven einsetzte: insbesondere in Südengland und im Bereich Shap in der Grafschaft Cumbria. Als sie aber im April und August 1967 ihre letzten Fahrten nach Cumbria unternahmen, wurden auch dort die meisten Züge schon von Dieselloks gezogen.

Auf der Suche nach den letzten Dampfloks stieß mein Vater aber auf etwas ganz Neues. Am 4. Juni 1967 machte er die Aufnahmen Nr. 240 und 241 mit der Beschreibung „Dampfwalzen bei den Mendips wenige Tage vor dem Dampfzugmaschinen-Treffen in Camerton". Die nächsten 22 Fotos entstanden bei dieser Veranstaltung. Aus den Aufzeichnungen ergibt sich, dass das Treffen auf einem Feld bei Camerton stattfand, das einem langjährigen Freund meines Vaters, Mr. William Vaughan, gehörte. Mein Vater machte dort Fotos von Dampfzugmaschinen, Dampfwalzen, Schausteller-Straßenlokomotiven und Dampfseilpfluglokomotiven. Das war das erste Dampfzugmaschinen-Treffen, das mein Vater besuchte. Am 7. Juli 1967 fotografierte er zunächst Dampfloks in Südengland bei Weymouth und Radipole Halt und besuchte dann sein zweites Dampfzugmaschinen-Treffen in Yeovil. Es folgten drei Besuche 1968, vier 1969, fünf 1970 und schließlich sogar zwölf 1971.

Alle Fotos der Dampfzugmaschinen sind in Farbe, da mein Vater zu diesem Zeitpunkt ausschließlich Farbdias machte. Mike Arlett und ich freuen uns, eine Reihe dieser Fotos hier vorstellen zu können. Die Qualität der Bilder zeigt, dass mein Vater auch mit dem neuen Medium hohe Ansprüche an sich stellte. Nach dem bescheidenen Anfang in Camerton schrieb er auch Anmerkungen zu den einzelnen Bildern, die mit der Zeit immer umfangreicher wurden. Aus diesem Material stammen auch die meisten Bildbeschreibungen in diesem Buch.

Mein Vater scheint nach dem Untergang der Dampflok seine Zukunft gefunden zu haben. Sie lag in den Dampfzugmaschinen-Treffen, die auch unter den Bezeichnungen „Steam Rally", „Great Working of Steam", „Festival of Steam", „Steam Gala", „Great Working of Steam Engines", „Steam Engine & Fair Organ Rally" oder „Steam Gathering" stattfanden. So verband mein Vater sein Interesse an Dampfmaschinen mit qualitativ hochwertigen Aufnahmen interessanter mechanischer Geräte. Damit schuf er eine historische Aufzeichnung von Maschinen und Geräten aus der Zeit, als die Dampfkraft noch regierte.

An dieser Stelle möchte ich auch allen Freiwilligen danken, die diese Treffen organisieren, denjenigen, die die Maschinen mit viel Aufwand restaurieren lassen und den Handwerkern, die die Wracks wieder in ihren ursprünglichen Zustand bringen. Mike Arlett und ich hoffen, dass dieses Buch mit dazu beiträgt, dass diese Enthusiasten auch in den kommenden Jahren ihre Bemühungen fortsetzen.

David Lockett
Paignton, Devon
Januar 2002

Oben: *Burrell-Mehrzweck-Dampfzugmaschine Nr. 1840 „Duke of Windsor", gebaut 1894, später zugelassen mit dem Kennzeichen YA 2481. Der 6 PS starke Elftonner wurde von R. Willcox und C. Trott aus Litton Cheney, Dorchester, restauriert und am Sonntag den 17. Juni 1973 bei der Camerton Traction Engine Rally in Roundhill bei Radstock vorgeführt.*

Rechts: *Fowler-Dampfwalze Nr. 18625 „Fippenny Queen" mit dem Kennzeichen TK 4285. Die 8 t schwere 5-PS-Walze wurde 1929 gebaut und an die Brüder Sharp in Blandford geliefert. Später wurde sie an die Brüder Hine in Gillingham (Dorset) verkauft. Sie wurde von ihrem jetzigen Eigentümer A. Full aus Fitzpaine, Dorset, restauriert und am 13. Juli 1969 bei der Yeovil Traction Engine Rally vorgestellt.*

A.W. FIELD "Fippenny Queen"

Oben: *Dampfschlepper Aveling & Porter Nr. 8384 „Kitty" mit dem Kennzeichen KT 2937. Der Schlepper mit 4-PS-Zweizylinder-Verbundmaschine wurde 1915 gebaut und arbeitete zuletzt für das Worcestershire County Council. Als Lockett diese Aufnahme bei der Lancashire Traction Engine Club Steam Engine Rally auf dem Flugplatz Burtonwood bei Warrington am 7./8. Juli 1973 machte, gehörte der Schlepper J. Doyle aus Manchester.*

Rechts: *Die Schausteller-Straßenlokomotive Burrell Nr. 3847 „Princess Marina" mit dem Kennzeichen CL 4483, fotografiert bei der Packington Steam Engine Rally am 21. September 1969. Diese Maschine von 1920 hat 6 PS und wiegt 17 Tonnen. Norman Lockett hat vermerkt, dass es sich um ein experimentelles Fahrzeug mit speziell angefertigten Zylindern handelte, die über den Kessel mit einem Druck von 15,5 bar versorgt wurden. Princess Marina hatte ein bewegtes Leben und wurde schließlich zerlegt, um als Dreschmaschine zu dienen. D. C. Walker aus Sutton Coldfield nahm sich ihrer an und restaurierte sie in den 60er Jahren von Grund auf.*

J. & D. WALKER'S AMUSEMENTS ON TOUR
PRINCESS MARINA

7581
11

Links: *Marshall-Dampfzugmaschine Nr. 52450 (hier allerdings mit der Plakette Nr. 52280) „Lorna“. Dieses Fahrzeug mit 7-PS-Zweizylinder-Verbundmaschine wurde 1909 gebaut, erhielt das Kennzeichen FU 6525 und wurde stets als Dreschmaschine in Norfolk eingesetzt. Mr. Torr aus Gurney Slade bei Bristol erwarb sie 1967 und zeigte sie hier zwei Jahre später mit dem Kennzeichen BE 7581 bei der Yeovil Traction Engine Rally.*

Oben: *Dampfschlepper Davey Paxman Nr. 19412, Baujahr 1916. Der 7-PS-Schlepper wurde mit dem Kennzeichen KE 2700 zugelassen. Dieses seltene Exemplar wurde beim Medway Festival of Steam in Great Lines, Gillingham, Kent, am 19./20. Mai 1973 fotografiert. Dahinter die 10-t-Dampfwalze Aveling & Porter Nr. AD14039 aus dem Jahr 1930. Sie erhielt das Kennzeichen JG 999 und wurde an das Canterbury City Council geliefert. Dieses verkaufte sie 1952 an D. Price aus Ashford, Kent.*

Die vier Fotos zeigen, mit wie viel Aufwand ein Ausstellungsstück zu einem Treffen gebracht wird. Hier handelt es sich um die 6-PS-Dampfwalze Clayton & Shuttleworth Nr. 48946 „Ironside“ mit abnehmbarem Dach. Sie wurde 1924 gebaut und erhielt das Kennzeichen YA 9576. Dieses seltene Exemplar wurde bei der Royal Show 1924 in Lincoln gezeigt und anschließend an W. W. Buncombe aus Highbridge geliefert. 1967 wurde die Walze von den Brüdern Sherborne aus Bath erworben und an W. Vaughan Jenkins in Claverton, Bath, (ein guter Freund von Norman Lockett) weiterverkauft. Die Walze fährt zunächst durch die Toreinfahrt (links), wird dann auf den Tieflader verladen (unten links), sorgfältig verzurrt (rechts) und kommt schließlich beim Treffen an (unten rechts) – in diesem Fall das Bristol Steam Traction Engine Festival in Whitchurch.

PLANT FOR HIRE
YA 9576
DIGGERS DOZERS
DROTTS PUMPS
AND COMPRESSORS
236
MARSH PLANT 124
COMMER
DYC 344C

YA 9576
124 MARSH PLANT
DIGGERS DOZERS
DROTTS PUMPS
AND COMPRESSORS
236

Unten: *Garrett baute diese Maschine 1919 als Dampfschlepper für ein Anwesen bei Canterbury in Kent. 20 Jahre später wurde sie von Sutton's aus Beckermet erworben, diente bis 1950 als Dreschmaschine und wurde dann zur Dampfwalze umgebaut und arbeitete noch bis 1972. „Madge", ein Fahrzeug mit Zweizylinder-Verbundmaschine erhielt die Herstellernummer 33636 und das Kennzeichen BJ 4514. Als sie hier im Juli 1973 bei der Lancashire Traction Engine Club Rally fotografiert wurde, war sie gerade von den neuen Eigentümern von Sutton's, R. Lee und P. Caudley aus Audlem, Cheshire, übernommen worden.*

Rechts: *Dieses Foto, ebenfalls bei der Lancashire Steam Engine Rally auf dem Flugplatz Burtonwood aufgenommen, zeigt den Dampfschlepper Nr. 35247 von Ransomes, Sims & Jefferies. Dieses Fahrzeug mit 6-PS-Zweizylinder-Verbundmaschine wurde 1923 gebaut und verbrachte sein gesamtes Arbeitsleben bei seinem ersten Eigentümer, R. F. Fenn aus Fraling. 1972 wurde es von E. Marshall aus Glazebury, Lancashire, erworben, der für eine neue Gummibereifung sorgte.*

PU4391

Oben: *Fowler-3-PS-Schausteller-Straßenlokomotive Nr. 14798 „Firefly", gebaut 1919 und zugelassen mit dem Kennzeichen U 5313. Sie gehört W. Payne aus Bawtry und wurde bei der „Expo Steam" fotografiert, die am 12.–14. Mai 1973 im Battersea Park in London stattfand.*

Rechts: *Norman Lockett besuchte am 23./24. Juni 1973 die Stamford Traction Engine Rally. Das Wetter war wie geschaffen für Farbaufnahmen. Unter anderem fotografierte er auch diesen Dampfschlepper Ruston Proctor Nr. 52329 von 1919, zugelassen mit dem Kennzeichen CT 5554. Eigentümer: G. E. Stubbs aus Costock.*

Links: *Dampfschlepper Ransomes, Sims & Jefferies Nr. 15012 „The Countryman", gebaut 1919 mit 7-PS-Einzylindermaschine. Das Gewicht lag bei 10½ Tonnen. Norman Lockett fotografierte den Schlepper am 21. September 1969 in Packington und vermerkte, dass es keine Angaben zu seiner Geschichte gab. 1964 wurde er in Cambridge an J. Marshall aus Hockley Heath verkauft.*

Oben: *Diese Schausteller-Straßenlokomotive Burrell Nr. 3483 „Perseverance II" aus der „Special Scenic"-Serie mit dem Kennzeichen WR 9119 zog bei der Yeovil Traction Engine Rally im Juli 1969 die Blicke der Bewunderer auf sich. Das Fahrzeug mit 8-PS-Zweizylinder-Verbundmaschine wiegt 19 Tonnen und wurde 1913 gebaut. Es ging zunächst an die Fa. Harnuss aus Swinton, Yorkshire, die es bis zum Weiterverkauf 1944 gewerblich nutzte. Später erwarb J. Gilbey aus Compton Pouncefoot, Somerset, die Straßenlokomotive und restaurierte sie.*

Oben: *Dampfwagen Sentinel „S4" Nr. 9192, gebaut 1935 und zugelassen mit dem Kennzeichen CML 781. Der 140 PS starke Viereinhalbtonner wurde an das North Thames Gas Board geliefert, wo er fast sein gesamtes Arbeitsleben verbrachte. Dieses letzte Sentinel-Modell mit Dampfmaschine hatte eine Vierzylinder-Heißdampfmaschine mit Druckschmierung. Zum Zeitpunkt der Aufnahme 1973 in Camerton gehörte der Wagen G. B. King aus Mark, Somerset.*

Rechts: *Dampfschlepper Clayton & Shuttleworth Nr. 46059 von 1913 mit 7-PS-Maschine und dem Kennzeichen CE 7943. 1964 erwarb Albert Deans aus Baldock den Schlepper als heruntergekommenes Wrack und restaurierte ihn von Grund auf. 1968 verkaufte er ihn an G. Coles aus Stretford, der ihn hier im Juli 1973 auf dem Flugplatz Burtonwood bei Warrington ausstellte.*

Oben: *Zwei herrliche Dampfpflüge bei der Appleford Traction Engine Rally am 19. Juli 1970. Fowler Nr. 1368 „Margaret" mit 12-PS-Maschine und dem Kennzeichen AL 8468 feierte gerade den 100. Geburtstag. Es handelte sich angeblich um den ältesten einsatzbereiten Dampfpflug. Rechts davon steht Fowler Nr. 2013 „Noreen", gebaut 1872 und später zugelassen mit dem Kennzeichen AL 8463. Die beiden hatten fast 70 Jahre zusammen gearbeitet und gehörten W. Tame und E. A. Fillmore.*

Rechts: *Fowler-Dampfpflug Nr. 15222, Klasse BB1, gebaut 1918. Der 16-PS-Pflug ist hier bei der Bristol Steam Traction Engine Rally in Whitchurch Anfang Mai 1972 zu sehen. Der Eigentümer, C. West aus Fairland, steckte noch mitten in der Restauration.*

CT 4289

PETTIFER. MOTCOMBE. Nr. SHAFTESBURY.
BH
8009
GARRETT
NJT 314J

Links: *4-PS-Garrett-Schlepper Nr. 33373, 1918 für das Kriegsministerium gebaut und mit dem Kennzeichen BH 8009 zugelassen. Er verbrachte sein Arbeitsleben in Montgomeryshire und wurde 1961 von S. W. Pettifer aus Motcombe bei Shaftesbury zur Restauration erworben. Am 24. September 1971 stellte er den Schlepper beim Great Working of Steam Engines in Stourpaine Bushes aus.*

Unten: *Dampfschlepper Clayton & Shuttleworth Nr. 47015, gebaut 1915 und zugelassen mit dem Kennzeichen BD 5483. Norman Lockett fotografierte dieses schöne Exemplar im Juni 1973. Die damaligen Eigentümer waren W. H. & L. Fowler & Sons aus Holbeach Drove, wenige Kilometer östlich des Treffens in Ryhall Grange, Stamford.*

WILDFIRE
BL-1331

Links: *Dampfschlepper Wallis & Steevens Nr. 7764 „Wildfire", gebaut 1919 und zugelassen mit dem Kennzeichen BL 1331. Diese „Expansionsmaschine" wurde zum Dreschen in Hampshire und Wiltshire eingesetzt und ist hier 1970 bei einem Dampfmaschinentreffen in Knowl Hill (zwischen Reading und Maidenhead, Berkshire) zu sehen.*

Rechts: *8-PS-Schausteller-Straßenlokomotive Burrell Nr. 3093 „Dreadnought" mit dem Kennzeichen AY 9862. Sie wurde 1909 an die Hollands Amusement Caterers in Mile End, London, ausgeliefert und verbrachte ihr Leben auf Rummelplätzen. Anfang Juli 1973 wurde sie bei der Lancashire Traction Engine Club Steam Engine fotografiert, als sie gerade in den Besitz von Frank Lythgoe aus Warburton, Lymm, übergegangen war.*

Unten rechts: *Schausteller-Straßenlokomotive Foster Nr. 12509, gebaut 1910, fotografiert bei der Stamford Traction Engine Rally in Ryhall Grange am 23./24. Juni 1973. Eigentümer: J. Swingler.*

U 9493
PLANT
No 17

Links: *Fowler-Straßenwalze Nr. 16134 „Progress" mit dem Kennzeichen U 9394, gebaut 1924 als Zweizylinder-Verbundmaschine mit zehn Tonnen. Hier zu sehen bei der Yeovil Traction Engine Rally am 7. Juli 1967.*

Oben: *Eindrucksvolle Aufstellung bei der Appleford Traction Engine Rally 1968: vorn Marshall Nr. 37690 „Old Timer", gebaut 1902. Der 6-PS-Schlepper mit dem Kennzeichen BH 7373 verbrachte sein Arbeitsleben in der Region Oxfordshire. Marshall Nr. 15391 hinter ihm wurde 1887 gebaut und erhielt später das Kennzeichen BW 5249.*

R.M. PENNY & SONS · CONTRACTORS
SIR JOHN FOWLER
3
YA 44
VWV 425K
HTK 365F

Links: „Sir John Fowler", eine hervorragend restaurierte Schausteller-Straßenlokomotive (Nr. 9192) von 1902 mit 7 PS und dem Kennzeichen YA 44. Gebaut als Straßenlokomotive, wurde sie später für den Schaustellerbetrieb umgebaut. 1971 wurde sie von R. M. Penny aus Ston Easton, Somerset, von der Hurst Collection in Andover, Hants, erworben. Sie wurde von Penny und den Brüdern Goold aus Camerton restauriert und beim örtlichen Treffen am 16./17. Juli 1973 vorgestellt. Selbst die Autos im Hintergrund können heute schon fast als Oldtimer gelten!

Oben: Foden-6-t-Dampfwagen Nr. 11892 mit Zweizylinder-Verbundmaschine, gebaut 1925 und zugelassen mit dem Kennzeichen EC 9048. Von diesem Typ gibt es nur noch drei Fahrzeuge. Dieser Dampfwagen war ursprünglich ein Dreiseitenkipper in einem Steinbruch. Hier ist er im Juli 1973 bei dem Treffen auf dem Flugplatz Burtonwood zu sehen. Eigentümer: H. Bagot. Das Fahrzeug gehört zur Levens Hall Steam Collection in der Nähe von Kendal.

Oben: *Diese Dampfwalze von Aveling & Porter erschien am 23./24. Juli 1973 bei der Stamford Traction Engine Rally in Ryhall Grange. Leider gibt es keine weiteren Notizen von Norman Lockett.*

Rechts: *J. & H. McLaren Convertible Nr. 757 wurde 1902 gebaut und mit dem Kennzeichen AI 3029 zugelassen. Das Fahrzeug leistete 6 PS und wog* $12\frac{1}{2}$ *Tonnen. Es wurde nach Irland geliefert und arbeitete dort bis 1922 als Zugmaschine. 1940 wurde es von der Great Northern Railway umgerüstet, lief aber nur zwei Mal unter Dampf, weil im Krieg die Kohle in Irland knapp war. 1968 wurde es zur Restaurierung erworben, brauchte aber nur winzige Reparaturen und einen neuen Anstrich. Als es 1969 bei der Packington Steam Engine Rally fotografiert wurde, war es im Besitz von Reverend Fred A. Coley aus Redditch.*

1902 McLAREN S.C. CONVERTIBLE No 757
OWNER
THE REV. F.A. COLEY
APOLLO

TOMMY
MO780
BW5249
Y 9955
JOHN FOWLER & Co (LEEDS) LTD
ENGINEERS, LEEDS
4

Links: *Aufstellung bei der Appleford Traction Engine Rally am 19. Juli 1970. Im Vordergrund Dampfzugmaschine John Fowler Nr. 13140 von 1913. Sie wiegt 11 Tonnen, leistet 7 PS und hat das Kennzeichen Y 9955. Geliefert wurde sie an einen Maschinenpark in Somerset, wo sie ihr Arbeitsleben in der Gegend der Mendips verbrachte. Zunächst wurde sie nach Gloucestershire verkauft, dann an Mr. Hines aus Hungerford, Berkshire und landete schließlich bei Edwards' Schrottplatz in Fairford. Dort wurde sie aber 1964 von F. Simmonds aus Stanford Dingley, Berkshire, erworben, der sie vier Jahre lang in den hier gezeigten Zustand brachte. (Die beiden anderen Zugmaschinen werden auf Seite 79 näher vorgestellt.)*

Unten: *Burrell-Straßenlokomotive Nr. 3824, Baujahr 1920. Sie leistet 6 PS und wiegt 10½ Tonnen. Sie wurde neu auf der London Dairy Show ausgestellt und dort von den Brüdern Shire aus Thurlbear, Somerset, erworben, der sie bis 1954 zum Dreschen und Schleppen von Holz benutzte. Sie wurde 1968/69 restauriert und vom ehemaligen Erzbischof „Lord Fisher of Lambeth" nach seinem Namen benannt. Der Lord war ein Nachbar des Besitzers in Trent bei Sherborne, Dorset.*

Links: *Fowler Nr. 7459 mit 6 PS, gebaut 1895 und später zugelassen als BW 4506, hier fotografiert bei der Appleford Traction Engine Rally im Juli 1968. Sie war drei Jahre zuvor restauriert worden und gehört A.V. Hall und N. Redding aus Bracknell, Berkshire.*

Rechts: *Marshall-Dampfzugmaschine Nr. 36033 „Hayden Princess", gebaut 1901 und zugelassen mit dem Kennzeichen NK 2524. Die Einzylinder-Maschine leistet 7 PS und wiegt 11 Tonnen. Hier wurde sie 1967 beim Treffen in Camerton fotografiert. Eigentümer: J. Miles aus Charminster, Dorset.*

Rechts: *Auch dieses Foto stammt aus Appleford, diesmal aber vom 19. Juli 1970, und es zeigt die Fowler-Schausteller-Straßenlokomotive Nr. 15653 „Renown" von 1920, ein Fahrzeug der R3-Klasse mit 7 PS und dem Kennzeichen CU 978. Sie war eines von zwei Fahrzeugen dieses Typs, die an John Murphy aus Gateshead geliefert wurden. Sie begleitete seine Achterbahn „Proud Peacock" und erhielt einen „Feast"-Kran, um die Wagen zu heben. Später wurde sie von G.R. Hawthorne erworben und von 1963 bis 1968 restauriert.*

JOHN G.W. MILES
Hayden Farm
CHARMINSTER
Dorchester. Dorset

A.E.MARSHALL & SONS LTD GLAZEBURY.
8

Links: *Einzylinder-Dampfwalze Aveling & Porter Nr. 11837 „Daniel". Das 10-t-Fahrzeug wurde 1926 gebaut und erhielt das Kennzeichen EP 3696. Später wurde es von J. P. Jones & Sons aus Newtown, Montgomeryshire (jetzt Powys) erworben, der es an T. N. Duddleston aus Whitchurch, Shropshire, verkaufte. Schließlich wurde es von A. E. Marshall aus Glazebury, Lancashire, gekauft und restauriert, der es in den Zustand brachte, in dem es hier 1973 auf dem Flugplatz Burtonwood zu bewundern ist.*

Oben: *Burrell-Schausteller-Straßenlokomotive Nr. 3444 „His Lordship", eine 8-PS-Zweizylinder-Verbundmaschine von 1913 mit dem Kennzeichen CK 3403. Sie wurde an George Green in Glasgow geliefert, der sie 1915 an seinen Bruder John weitergab. Aus John Green & Sons wurde später Green Bros, Eigentümer einer der größten frühen Achterbahnen mit dem Namen „The Golden Dragons". Viele Jahre später gelangte „His Lordship" in den Besitz der Brüder Silcock aus Warrington. Von dieser Firma erwarb T. Alberts aus Bolton 1949 das Fahrzeug und brachte wahrscheinlich das Wappen dieser Stadt dort an.*

FEARNLEY
Engineer
CASTLEFORD YORKSHIRE
27

Links: *Sentinel-Dampfwagen „S4" Nr. 1465, gebaut 1921 und zugelassen mit dem Kennzeichen AW 3312. Er wurde 1973 von seinem Eigentümer R. Fearnley aus Castleford, Yorkshire, bei der Stamford Traction Engine Rally vorgestellt.*

Oben: *Dampfschlepper Nr. 33986, gebaut 1920 von Richard Garrett aus Leiston, Suffolk, und zugelassen mit dem Kennzeichen BJ 5601. Der Schlepper leistet 4 PS und wiegt 6 Tonnen. Er wurde an das Fuhrunternehmen Sadlers aus Stourbridge ausgeliefert und später von Cliff James aus Kingswinford übernommen. Er wurde betriebsbereit von A. Tinghay aus Atherstone übernommen, der diesen Schlepper 1969 bei der Packington Rally vorstellte und ansonsten auf seiner Bootswerft einsetzte.*

THOMAS WOOD & SONS LTD. (Engineers & Contractors) CROCKENHILL, KENT
BP 5921
TAM
THE "BURRELL" PATENT ENGINE

Links: *Burrell-Mehrzweck-Dampfmaschine Nr. 3586 „Tam", Baujahr 1914, Kennzeichen BP 5921, hier beim Medway Festival of Steam im Mai 1973. Die Maschine ist seit jenem Jahr im Besitz von Thomas Wood & Sons Ltd aus Crockenhill, Kent. Rechts davon die Dampfwalze Aveling & Porter Nr. 11423 „Smokey" von 1926 mit 5-PS-Verbundmaschine. Kennzeichen KM 2229.*

Oben: *Fowler-Schausteller-Straßenlokomotive Nr. 15319 „Queen Mary", Kennzeichen FX 7850, hier beim Beaulieu Steam Happening am 8. Oktober 1972.*

BP 6711

Links: *Dampfzugmaschine Aveling & Porter Nr. 9108 „Victoria" mit abnehmbarem Dach, gebaut 1920 und zugelassen mit dem Kennzeichen BP 6711. Die Verbundmaschine mit Schiebersteuerung wurde ebenfalls beim Beaulieu Steam Happening am 8. Oktober 1972 fotografiert.*

Oben: *10-t-Dampfwalze Aveling & Porter Nr. 10555 mit Einzylinder-Steuerkolbenmaschine, Baujahr 1923. Sie wurde an W. W. Buncombe aus Highbridge, Somerset, ausgeliefert und später an die Paignton UDC (Devon) verkauft und ging schließlich 1958 in den Besitz von E. C. Hine aus Shaftesbury. Hier zu sehen am 13. Juli 1969 bei der Yeovil Traction Engine Rally, nachdem sie ein Jahr zuvor von L. J. Casely aus Trent, Dorset, erworben wurde.*

ALCONBURY
P.B.COULSON & SON
HUNTINGDON

Links: *Schlepper McLaren Nr. 1837, gebaut 1936 und zugelassen mit dem Kennzeichen AAM 801. Fotografiert bei der Stamford Traction Engine Rally in Ryhall Grange am 23./24. Juni 1973. Damals trug er den Namen „Bluebell“ und gehörte P. Coulson aus Alconbury, südlich von Peterborough.*

Rechts: *Hier wird bei der Camerton Traction Engine Rally 1967 Dampf aufgemacht. Die 10-t-Straßenwalze Fowler Nr. 16134 „Progress“, Kennzeichen U 9493, steht neben der Dampfzugmaschine Wallis & Steevens Nr. 7685 „Nellie“, Baujahr 1919, Kennzeichen HO 5587. Die Maschine wurde an die Geo Ewen Ltd aus Petersfield, Hants, geliefert und bis 1947 zum Dreschen eingesetzt. Dann ging sie an einen Käufer aus Liphook, wo sie bis 1964 als Wrack stand, bevor S. W. Hubbuck aus Shillingstone, Dorset, sie erwarb und restaurierte.*

Unten rechts: *Der 4-PS-Schlepper Ransomes, Sims & Jefferies Nr. 39127 von 1928 ging an die Brüder West aus Sussex und wurde nach einem langen Arbeitsleben 1970 von R. F. Giddings aus Bartley, Cadnam, Hampshire, gekauft.*

Unten: *8-t-Dampfwalze Wallis & Steevens Nr. 8100 von 1935, 10 PS, Kennzeichen BAA 432. Im Programm des Treffens 1973 in Camerton wurde vermerkt, dass diese Dampfwalze (erworben und gefahren von David Antell aus Shillingstone, Dorset) seit ihrer Auslieferung an das Hampshire City Council nur drei Jahre gearbeitet hatte. Von diesem Modell wurden nur drei Stück gebaut; die beiden anderen sind in Südafrika heute noch im Einsatz.*

Rechts: *Der Foden-Dampfschlepper „Early Bird", Kennzeichen RX 1719, wurde an die Chawley Brickworks geliefert und transportierte Ziegelsteine in ganz Berkshire und Oxfordshire. Hier zu sehen 1970 bei der Knowl Hill Steam Rally; Eigentümer B. Adnams.*

RX 1719
EARLY BIRD
Foden
R.G. Adnams
FAMILY
CAVERSHAM,
BERKS.

Oben: *Bei der Seend Traction Engine Rally zwischen Melksham und Devizes (Wiltshire) war 1968 diese 6-PS-Burrell-Schausteller-Straßenlokomotive Nr. 3295 „Princess Royal" zu sehen. Sie hatte das Kennzeichen TA 544 und gehörte R. Bailey aus Amesbury, Wiltshire. Hier hatte Norman Lockett Glück, dass das Publikum sich auf ein anderes Ausstellungsstück konzentrierte und ihm viel Platz zum Fotografieren ließ.*

Rechts: *Der 3-PS-Fowler-Schlepper Nr. 15632 „Tiger", Baujahr 1920, Kennzeichen SP 8063, wurde nach Schottland geliefert. Sein Besitzer, A. C. Napper, stellte ihn 1970 bei der Appleford Traction Engine Rally aus.*

A.C. NAPPER MEADOW HOUSE APPLEFORD BERKS
TIGER
12
8063

W&S OIL-BATH TRACTOR 1927

Links: *Ölbadtraktor Wallis & Stevens Nr. 7640, Kennzeichen BL 8236. Hier zu sehen bei der Stamford Traction Engine Rally in Ryhall Grange. Eigentümer: J. Crawley aus Turvey (mit weiteren interessanten Ausstellungsstücken im Hintergrund).*

Oben: *Eine weitere Aufnahme von der Seend Traction Engine Rally 1968. Hier die 7½-t-Burrell-EinzylinderDampfmaschine Nr. 2512 mit 6 PS, Baujahr 1902, Kennzeichen TB 2846.*

Oben: *10-t-Dampfwalze Aveling & Porter Nr. 11492 Typ E SC mit Steuerkolbenmaschine. Sie wurde an W. W. Buncombe aus Highbridge, Somerset, als Fahrzeug Nr. 108 seiner Flotte ausgeliefert. Hier zu sehen bei der Yeovil Traction Engine Rally am 13. Juli 1969, nachdem sie zwei Jahre zuvor von D. C. Stewart aus Sandford Orcas, Dorset, erworben und restauriert wurde.*

Rechts: *Noch einmal das Treffen in Yeovil, diesmal am 7. Juli 1967. Leider schrieb Norman Lockett keine Anmerkungen zu dieser Burrell-Dampfzugmaschine, aber wir wollten dieses Bild unbedingt zeigen, denn es bietet wie viele andere Bilder in diesem Buch auch einen interessanten Hintergrund, unter anderem der Transporter mit den Lautsprechern, der „Kendic Radio" aus Stoke under Ham gehört.*

KENDIC
RADIO
CINEMA
AND
TELEVISIOI
STOKE·UNDER·HAM SOMT

Links: *Garrett-Ackerschlepper oder „Suffolk Punch" Nr. 33180, gebaut 1918, Kennzeichen BJ 4483. Norman Lockett nahm ihn 1970 bei der Knowl Hill Traction Engine Rally auf und vermerkte, dass der kettengetriebene Schlepper mit dem Namen „The Joker" als Direktpflug gebaut wurde und einer der letzten Versuche war, der Konkurrenz durch den Benzintraktor standzuhalten. Ein ungewöhnliches, aber beliebtes Fahrzeug, das J. Hutchins aus Ferndown, Dorset, gehört.*

Unten links: *Holzzugmaschine Super Sentinel Nr. 8777 „Old Bill", Baujahr 1933, Kennzeichen JB 1655. Fotografiert am 28. Juli 1968 bei der Seend Traction Engine Rally. Eigentümer: ebenfalls Hutchins aus Ferndown.*

Rechts: *Burrell-Schausteller-Straßenlokomotive Nr. 3949 „Princess Mary". Die 8-PS-Zweizylinder-Verbundmaschine wurde 1923 gebaut und erhielt das Kennzeichen NO 8287. Diese Maschine war 1959 noch im Einsatz und war wohl eine der bekanntesten Schausteller-Straßenlokomotiven in Südengland. Sie wurde an Billie Nicholls ausgeliefert und diente ihm bis zum Krieg als Zugmaschine. Den Krieg verbrachte sie auf einem offenen Feld. Danach war sie bis 1959 im Besitz der Familie Presland. Sie wurde acht Jahre lang restauriert und „wie neu" lackiert, allerdings kam über die Jahre die eine oder andere Verzierung dazu. Zum Zeitpunkt der Aufnahme gehörte sie Commander Baldock.*

MODERN AMUSEMENTS ON TOUR.

Unten: *Drei Dampfwalzen und eine Burrell-Schausteller-Straßenlokomotive bei der Yeovil Traction Engine Rally am 13. Juli 1969. Die Schausteller-Straßenlokomotive war ursprünglich ein Kran, der 1910 an das Kriegsministerium geliefert wurde. Etwa 1920 wurde sie umgebaut.*

Rechts: *Foster-Dampfzugmaschine Nr. 14564, gebaut 1926, Kennzeichen FE 8055. Hier zu sehen bei der Stamford Traction Engine Rally 1973. Eigentümer: R. E. Baxter aus Eye Green, Peterborough.*

R. BAXTER & SONS, EYE, PETERBOROUGH.

Oben: *Diese Fowler-Schausteller-Straßenlokomotive Nr. 15652 „Pride of the North" hat hier bei der Datchet Traction Engine Rally am 6. September 1969 den ganzen Platz für sich. Sie wurde 1921 gebaut, wiegt 17 Tonnen, leistet 7 PS und hat das Kennzeichen CU 977.*

Rechts: *Aus den Anmerkungen von Norman Lockett ergibt sich nur, dass er dieses Foto bei der Packington Steam Engine Rally am 21. September 1969 gemacht hat. Später fügte er hinzu: „Dampfzugmaschine Clayton & Shuttleworth Nr. 44103 ‚Enterprise', gebaut 1911, ein Zylinder, 7 PS, Gewicht 10 t, Kennzeichen AL 9348."*

Unten: *Diese 8-t-Straßenwalze Aveling & Porter Nr. 11016 „Pluisje", Baujahr 1924, erschien 1973 zum ersten Mal beim Treffen in Camerton. Sie wurde von Akkerman & Co. aus Den Haag nach Holland importiert und gehörte bis 1967 der Königlichen Straßenbaugesellschaft in Utrecht. Dann wurde sie von G. van der Pol aus Huizen erworben, der sie als erste Straßenwalze in seinem Heimatland restaurierte.*

Rechts: *Foden-6-t-Dampfwagen Typ C Nr. 10788, gebaut 1922, Kennzeichen AU 6695. Er wurde von Jas Shipstone & Sons Ltd aus New Basford, Notts, als Bierlaster erworben, ging 1928 an Foden zurück und wurde als Steintransporter weiterverkauft. Nachdem er fast 20 Jahre lang in der Nähe von Leek als Wrack gestanden hatte, wurde er 1964 von der Tate & Lyle Transport Ltd aus London erworben und völlig neu aufgebaut. Er trägt die Werbung von Pease & Son, die Anfang der 20er Jahre Transporte für Henry Tate & Sons durchführten.*

AU 6695
Foden
PEASE & SON
Phone: Putney
2420
ASK FOR TATE & LYLE'S
PACKET SUGAR.

Oben: *Robey-Dampfzugmaschine Nr. 29330, gebaut 1910, Kennzeichen CT 4101, hier ausgestellt im Juni 1973 in Ryhall Grange, Stamford. Eigentümer: F. B. Gibbons & Sons Ltd aus Market Deeping.*

Rechts: *Tasker-Schlepper Nr. 1822, Baujahr 1920, ausgeliefert an Waters aus Salisbury. 1930 wurde er von Sam Smart aus Westminster gekauft und für seine Firma als Schausteller-Straßenlokomotive umgerüstet. 1939 wurde er weiterverkauft und zum Roden von Bäumen benutzt. Danach stand er 18 Jahre als Wrack, bevor C. J. Barber und sein Vater ihn kauften und 1965–1968 restaurierten. Hier wurde er am 6. September 1969 bei der Datchet Traction Engine Rally fotografiert.*

CHRIS BARBERS TASKER ON TOUR

Oben: *Eine beeindruckende Aufstellung bei der Stamford Traction Engine Rally 1973. Nur die Hochspannungsmasten und die Leitungen stören.*

Links: *Garrett-Schausteller-Straßenlokomotive Nr. 31193 von 1912. Zweikolbenmaschine mit 5 PS, 5 Tonnen Gewicht und dem Kennzeichen BJ 1659. Sie wurde 1968 restauriert und hier im Juli 1969 bei der Yeovil Rally fotografiert. Eigentümer: H. Fry & Sons aus Closworth, südlich von Yeovil in Somerset.*

Rechts: *Burrell-Dampfzugmaschine Nr. 2662 „Attraction", gebaut 1904, Kennzeichen AF 3531. Die $9^1/_2$ Tonnen schwere 6-PS-Maschine wurde an Mr. Penna, einen Lohndrescher in der Region Redruth in Cornwall ausgeliefert. 1955 ging sie an Mr. Gregory aus Camborne und wurde die erste Maschine der West of England Steam Society. 1969 wurde sie von Mr. Hattam erworben, der sie zerlegte und mit der Restaurierung begann, sie dann aber an Paul Dove und Margaret Delisle Gray verkaufte, die sie so restaurierten, wie sie hier 1973 beim Treffen in Camerton zu sehen ist.*

THE BURRELL
PATENT ENGINE

GOOLD BROS.
CAMERTON

Links: *Viel Abwechslung bei der Aufstellung nach der „Großen Parade" bei der Yeovil Traction Engine Rally am 13. Juli 1969.*

Oben: *Burrell-Straßenwalze Nr. 4067 „Hero", Baujahr 1927, Kennzeichen WW 1556. Diese 8-t-Walze mit Zweizylinder-Verbundmaschine wurde an George Hall aus Kirkburton, südöstlich von Huddersfield, ausgeliefert. Sie hatte dann mehrere Eigentümer, bevor sie 1968 von J. P. Walton aus Stretton, Cheshire, erworben wurde.*

Oben: *Diese Aufnahme wurde bei der Denham Traction Engine Rally am 6. September 1970 gemacht und zeigt den Garrett-Schlepper Nr. 33278 „Princess Mary". Der 4-PS-Schlepper mit Zweizylinder-Verbundmaschine wurde 1918 gebaut und erhielt das Kennzeichen OP 4479.*

Rechts: *Noch einmal die Datchet Rally und ein kleiner Schlepper, diesmal ein Burrell von 1920. Die Nr. 3846 „Pouss Nouk Nouk" hat das Kennzeichen AD 7782 und wiegt unbeladen unter 5 Tonnen.*

AD 7782
CHAS BURRELL & SONS LTD THETFORD.
ISSENDEN

MIGHTY IN STRENGTH AND ENDURANCE
THE IRON MAIDE
FX 6661

Links: *Beim Beaulieu Steam Happening am 8. Oktober 1972 erschien diese Fowler-Schausteller-Straßenlokomotive Nr. 15657 von 1920. Sie leistet 7 PS und hat das Kennzeichen FX 6661. Sie wurde an G.J. Barnes aus Portland ausgeliefert und hieß ursprünglich „Kitchener". Hier trägt sie den Namen „Iron Maiden", weil sie in dem gleichnamigen Film eine wichtige Rolle spielte.*

Oben: *Einylinder-Dampfwalze Aveling & Porter Nr. 7632, Gewicht 10 Tonnen, Baujahr 1912. Sie wurde an das Flintshire County Council geliefert und 1967 in Risley entdeckt. F. und A. Dibnah aus Bolton kauften und restaurierten sie. Der junge Fred (später durch das Fernsehen bekannt) steht hier im Juli 1973 bei der Lancashire Traction Engine Club Steam Rally auf dem Flugplatz Burtonwood bei Warrington am Steuer.*

10-t-Einzylinder-Dampfwalze Aveling & Porter Nr. 8754, Baujahr 1914, Kennzeichen VN 2370. Sie wurde an das North Riding County Council geliefert und offensichtlich gut gepflegt, denn sie lief dort 43 Jahre! Hier zu sehen im Juli 1973 auf dem Flugplatz Burtonwood. Eigentümer: P. Priestner aus Moore, Lancashire.

Dampfwagen Sentinel „S4" Nr. 8942, Baujahr 1934, Kennzeichen ATN 320. Der Lastwagen ging zunächst an die McEwan-Brauerei aus Newcastle-on-Tyne und später an den Steinbruch Bloxter, bevor er in das Brauereigewerbe zurückkehrte. 1942 wurde er erneut verkauft und lief, zum Tankwagen umgerüstet, bis 1966. Dann erwarb David Webster aus Ludlow, Shropshire, den Dampfwagen für die Restaurierung.

Unten: *Die Burrell-Dampfzugmaschine Nr. 3894 „Saint Brannock" von 1921, 6 PS, Kennzeichen NX 947, verbrachte den größten Teil ihres Arbeitslebens auf den Straßen in und um Barnstaple, North Devon. Mr. King aus Temple Cloud kaufte und restaurierte sie und führte sie dann bei einem der allerersten Treffen in Devon vor. 1968 wurde sie von T.W. Gascoigne aus Bodicote bei Branbury, Oxfordshire, zur Schausteller-Straßenlokomotive umgerüstet.*

Rechts: *5-PS-Burrell-Schlepper Nr. 3398 „Big Jack", Baujahr 1912, Kennzeichen TD 264. Er wurde zunächst an das Fylde Rural District Council ausgeliefert und ging dann an Isaac Ball aus Wharles, Lancashire, bevor J. F. Preston aus Cabus bei Garstang, nördlich von Preston, ihn 1971 erwarb.*

J.F. PRESTON & SON CABUS

BOUGHTON EQUIPMENT
TRACTORS & VEHICLES
Tele. L.CHALFONT 2666
ESTD. 1897
T.T.BOUGHTON & SONS LTD
AMERSHAM
BUCKS,
AN 9568
18

Links: *Foden-6-t-Dampfwagen Nr. 13138, gebaut 1928, Kennzeichen AN 9568, hier zu sehen bei der Seend Traction Engine Rally 1968. Eigentümer: T.T. Boughton & Sons aus Amersham, Buckinghamshire.*

Oben: *Fowler-Dampfwalze Nr. 16270 „Jock", Baujahr 1924, Kennzeichen SY 2457, hier beim Beaulieu Steam Happening am 8. Oktober 1972.*

Oben: *Die Fowler-11-t-Dampfzugmaschine Nr. 11491 von 1908, Leistung 7 PS, Kennzeichen AH 6486, wurde an die Brüder Davis aus Norfolk geliefert, wo sie ihr gesamtes Arbeitsleben verbrachte. Sie ging durch die Hände mehrerer Eigentümer, bevor J. Antell aus Shillingstone, Dorset, sie kaufte und fünf Jahre lang von Grund auf restaurierte. Hier nach der Restaurierung beim Treffen in Camerton 1970.*

Links: *Dieser Schlepper Tasker Typ 1A Nr. 1309 von 1904 hat eine interessante Geschichte. Er war einer der ersten kleinen 3-t-Straßenschlepper. Später wurde er zur Dampfwalze umgebaut und von W. Isaac & Sons aus Braunton, North Devon, eingesetzt. 1956 erwarb Tasker ihn für sein Museum zurück und musste ihn erst bei der Auflösung der Firma Anfang 1969 verkaufen. Als er im Juli 1969 bei der Yeovil Traction Engine Rally fotografiert wurde, hatte der neue Eigentümer, C.E. Porter, ihn zum Schlepper zurückgerüstet und wollte ihn in seinem Ferienlager Sandy Bay einsetzen, wo er Anhänger mit Kindern ziehen sollte.*

Drei Dampfmaschinen bei der Appleford Rally 1970. Links Marshall Nr. 37690 „Old Timer" von 1902, Leistung 6 PS, Kennzeichen BH 7373, die ihr Arbeitsleben im Gebiet von Oxfordshire verbrachte. Daneben Fowler Nr. 15710 „Tommy", Baujahr 1922, Kennzeichen MO 780, die in den Berkshire Downs arbeitete. Rechts davon die 6-PS-Maschine Marshall Nr. 15391, gebaut 1887, die später das Kennzeichen BW 5249 erhielt. Sie wurde neu bei der Smithfield Show ausgestellt und ging dann an einen Eigentümer aus Oxfordshire, der sie bis 1949 regelmäßig einsetzte. Als das Foto gemacht wurde, gehörten „Old Timer" und „Tommy" A.C. Napper, während die Marshall ohne Namen S.J. Wharton gehörte.

Danksagung

Wir haben uns in erster Linie auf die Aufzeichnungen von Norman Lockett gestützt. Zum Glück hat er auch die Programme einiger Treffen aufgehoben, die sich für uns als wertvolle Quelle erwiesen haben. Da keiner von uns mehr ist als ein interessierter Außenseiter, haben wir diese Informationen nicht aktualisiert. Wir haben uns auch die Freiheit erlaubt, den Begriff „Dampfzugmaschine“ großzügig auszulegen. So zeigt das Buch auch Lastwagen, Schausteller-Straßenlokomotiven und Dampfwalzen, eben alles, was mit Dampf betrieben wird. Schließlich möchten wir auch Keith Strickland danken, der uns Bücher aus seiner Sammlung ausgeliehen und damit die Identifizierung einzelner Fahrzeuge ermöglicht hat, über die mein Vater nur wenig geschrieben hat. Wir hoffen, dass sich nicht allzu viele Fehler eingeschlichen haben.